Muthu Dineshkumar Ramaswamy
Karthikeyan Parasuraman

Modelo Termodinâmico de Gaseificação de Prosopis juliflora

Muthu Dineshkumar Ramaswamy
Karthikeyan Parasuraman

Modelo Termodinâmico de Gaseificação de Prosopis juliflora

Gaseificador Downdraft

ScienciaScripts

Imprint
Any brand names and product names mentioned in this book are subject to trademark, brand or patent protection and are trademarks or registered trademarks of their respective holders. The use of brand names, product names, common names, trade names, product descriptions etc. even without a particular marking in this work is in no way to be construed to mean that such names may be regarded as unrestricted in respect of trademark and brand protection legislation and could thus be used by anyone.

Cover image: www.ingimage.com

This book is a translation from the original published under ISBN 978-620-8-06517-1.

Publisher:
Sciencia Scripts
is a trademark of
Dodo Books Indian Ocean Ltd. and OmniScriptum S.R.L publishing group

120 High Road, East Finchley, London, N2 9ED, United Kingdom
Str. Armeneasca 28/1, office 1, Chisinau MD-2012, Republic of Moldova, Europe
Printed at: see last page
ISBN: 978-620-8-25346-2

Conteúdo

RESUMO

O trabalho proposto é um modelo de equilíbrio estequiométrico para prever o rendimento de gás de síntese e a sua composição na gaseificação de Prosopis Juliflora num gaseificador de fluxo descendente. As raízes profundas desta planta causam o esgotamento do lençol freático e, por isso, a sua remoção tornou-se uma necessidade. É utilizada como lenha para uso doméstico e, por isso, tem um grande potencial para ser utilizada como biomassa. Este trabalho teve como objetivo preencher a lacuna existente na literatura que não dispõe de valores experimentais ou modelados do rendimento e composição do gás de síntese produzido pela gaseificação desta biomassa. No entanto, o modelo não pôde ser validado experimentalmente devido à crise do Covid-19. Para complementar o trabalho existente, o balanço energético foi incorporado no modelo para prever a temperatura do gaseificador. O desempenho foi estudado utilizando a eficiência do gás frio do processo e a sua variação com o rácio de equivalência e as temperaturas. Em primeiro lugar, a temperatura de gaseificação foi encontrada para razões de equivalência que variam entre 0,15 e 0,2. Uma destas razões de equivalência foi fixada e foram utilizados valores de temperatura entre 950K e 1150K para estudar as tendências de alteração da composição, o menor valor de aquecimento e a eficiência do gás frio do produto gasoso.

Palavras-chave: Gaseificação de Biomassa, Prosopis Juliflora, Gaseificador Downdraft, Modelo de Equilíbrio Termodinâmico, Eficiência de Gás Frio

CAPÍTULO 1

INTRODUÇÃO

1.1. INTRODUÇÃO GERAL

Todas as actividades que contribuem para a melhoria da economia requerem energia. Por conseguinte, trata-se de um recurso essencial para todos os seres humanos. O rápido crescimento da economia indiana gera uma enorme procura de eletricidade. Atualmente, a maior parte da procura de eletricidade é satisfeita por centrais eléctricas a carvão, o que aumenta a dependência dos combustíveis fósseis[1] . A fonte de energia mais utilizada para a maioria das actividades agrícolas também provém de combustíveis fósseis. No entanto, a utilização destes combustíveis fósseis criou uma série de problemas ambientais, como o aquecimento global e a poluição atmosférica. Estes recursos são também limitados. Por isso, é necessário procurar fontes de energia limpas e renováveis.

A gaseificação Downdraft é uma tecnologia avançada para a conversão de materiais carbonáceos sólidos, como a biomassa ou o carvão, em combustíveis gasosos valiosos através de um processo de combustão e redução controladas. Este método tem atraído uma atenção significativa devido ao seu potencial para produzir energia mais limpa e mais eficiente em comparação com os métodos de combustão tradicionais. No cerne da gaseificação Downdraft está o princípio da oxidação parcial, em que uma matéria-prima é sujeita a altas temperaturas e oxigénio limitado, resultando na produção de um gás sintético (syngas) composto principalmente por hidrogénio (H2), monóxido de carbono (CO) e dióxido de carbono (CO2). Este processo funciona numa coluna vertical em que a matéria-prima é introduzida no topo e desce através de diferentes zonas de reação, cada uma com um objetivo específico no processo de gaseificação.

O gaseificador downdraft compreende tipicamente várias secções-chave: a zona de secagem, a zona de pirólise, a zona de combustão e a zona de redução. A zona de secagem é onde a matéria-prima é aquecida para remover a humidade, o que é crucial, uma vez que a humidade excessiva pode impedir a eficiência do processo de gaseificação. Na zona de pirólise, a matéria-prima sofre uma decomposição térmica devido às altas temperaturas, decompondo-se em gases voláteis e num resíduo de carvão. Os gases voláteis sobem depois para a zona de combustão, onde ocorre uma combustão parcial, utilizando parte do gás de síntese para fornecer o calor necessário à reação. A zona de combustão é caracterizada pela presença de quantidades controladas de ar ou oxigénio, o que garante que nem todo o carbono é totalmente queimado, produzindo assim o gás de síntese desejado em vez de apenas CO2 e calor. O carvão e os gases remanescentes passam para a zona de redução, onde ocorrem outras reacções para converter o carbono remanescente no carvão em gás de síntese adicional, reduzindo também o alcatrão e outras impurezas.

A eficiência da gaseificação downdraft é influenciada por vários factores, incluindo as caraterísticas da matéria-prima, a temperatura de funcionamento e o equilíbrio do ar ou oxigénio fornecido. A matéria-prima com tamanho e composição consistentes tende a produzir gás de síntese mais previsível e de maior qualidade. Além disso, a manutenção da temperatura adequada e o controlo da relação ar/combustível são cruciais para otimizar a produção de gás de síntese e minimizar a formação de alcatrões e outros subprodutos indesejáveis. Os gaseificadores Downdraft são frequentemente elogiados pela sua capacidade de produzir gás de síntese com um teor de alcatrão relativamente baixo em comparação com outros tipos de gaseificadores, o que é vantajoso para os processos de utilização subsequentes. Uma das vantagens significativas da gaseificação downdraft é a sua versatilidade e capacidade de lidar com uma vasta gama de matérias-primas, incluindo aparas de madeira, resíduos agrícolas e até resíduos sólidos urbanos. Esta versatilidade torna a gaseificação downdraft uma tecnologia promissora tanto para a produção de energia em grande escala como para aplicações em pequena escala, como a eletrificação rural ou a produção de energia fora da rede. O gás de síntese produzido pode ser utilizado de várias formas, incluindo como combustível para motores de combustão interna, turbinas a gás, ou mesmo como matéria-prima química para posterior transformação em biocombustíveis ou outros produtos químicos. Além disso, a gaseificação downdraft alinha-se bem com os objectivos de sustentabilidade, uma vez que fornece um meio para converter biomassa e materiais residuais em energia, contribuindo assim para a gestão de resíduos e reduzindo a dependência de combustíveis fósseis. O processo pode ser integrado em sistemas de energia renovável, melhorando a eficiência global e a sustentabilidade da produção de energia. No entanto, a implementação de sistemas de gaseificação downdraft também apresenta desafios. Estes incluem a necessidade de um cuidadoso manuseamento e pré-processamento da matéria-prima, a gestão de resíduos de cinzas e carvão e a potencial complexidade operacional relacionada com a manutenção de condições óptimas de gaseificação.

Nos últimos anos, os avanços tecnológicos e de investigação têm-se centrado na melhoria da eficiência e da fiabilidade dos sistemas de gaseificação downdraft. As inovações na conceção de reactores, sistemas de controlo e técnicas de processamento de matérias-primas continuam a melhorar o desempenho e a viabilidade desta tecnologia. Além disso, o desenvolvimento de materiais mais robustos e económicos para a construção e operação tem apoiado ainda mais a adoção da gaseificação downdraft em várias aplicações.

De um modo geral, a gaseificação downdraft representa uma tecnologia promissora e em evolução, com potencial para contribuir significativamente para soluções energéticas sustentáveis. A sua capacidade de converter eficientemente uma vasta gama de matérias-primas em gás de síntese limpo torna-a uma opção atractiva para diversas necessidades energéticas, desde aplicações industriais até à produção de energia em pequena escala. À medida que a investigação e o desenvolvimento continuam a avançar, é provável que a gaseificação por jato de água desempenhe um papel cada vez mais importante na transição para sistemas energéticos mais sustentáveis e amigos do ambiente.

A procura de Hidrogénio no mercado da energia está a aumentar devido a um aumento no desenvolvimento de tecnologias de células de combustível[2] . Este aumento, associado à necessidade de produção de energia limpa com um processo renovável e potencialmente neutro em termos de carbono, a gaseificação da biomassa é a tecnologia mais viável e prática. A biomassa é um recurso renovável que pode ser considerado como uma alternativa aos combustíveis fósseis. A gaseificação da biomassa é a conversão termoquímica de material orgânico para produzir gás de síntese, que é predominantemente uma mistura de H2 e CO. Este gás é submetido a uma limpeza extensiva para remover partículas e outras impurezas e é posteriormente utilizado para gerar calor e eletricidade e produzir biocombustíveis[3] . Contém uma pequena percentagem de outros gases, como o dióxido de carbono e o azoto. Os subprodutos deste processo incluem carvão, cinzas e alcatrão.

Existem muitos tipos de gaseificadores: gaseificador updraft, gaseificador downdraft, gaseificador de leito fluidizado, reator de leito fluidizado borbulhante, para citar alguns. Este estudo centra-se na utilização do gaseificador de jato descendente, em que a biomassa é alimentada a partir do topo e viaja para baixo, e o agente de gaseificação é alimentado a partir do fundo. O ar é injetado no sistema a partir do lado e mistura-se com os produtos da pirólise no gaseificador. Os gaseificadores Downdraft são a melhor escolha quando o objetivo é obter um gás limpo, uma vez que contêm quantidades reduzidas de partículas e alcatrão. A gaseificação da biomassa é um processo complexo e, por isso, é feita uma modelação para compreender melhor o processo. Um desses modelos é o modelo de equilíbrio termodinâmico, que pode prever a conversão máxima possível de biomassa em gás de síntese e a eficiência teórica. É também uma ferramenta simples para estimar o desempenho da gaseificação antes da análise de todo o processo. Este modelo é ainda classificado em modelos estequiométricos e não estequiométricos, sendo o primeiro baseado em reacções estequiométricas e o segundo baseado na minimização da energia livre de Gibbs total no sistema. A Prosopis Juliflora é um pequeno arbusto que foi introduzido para recuperar solos salinos e alcalinos e também para ser utilizado como lenha para actividades domésticas. Um inconveniente significativo desta espécie é o facto de esgotar o lençol freático devido à presença da sua raiz principal profunda. A remoção destas plantas é necessária para controlar a sua rápida propagação. Por conseguinte, estas plantas podem ser consideradas como tendo um bom potencial para a gaseificação da biomassa.

Biomassa de Prosopis juliflora como matéria-prima para gaseificação

A Prosopis juliflora, vulgarmente conhecida como mesquite, é uma árvore leguminosa perene nativa das regiões áridas e semi-áridas das Américas. Foi introduzida em várias partes do mundo pela sua adaptabilidade, crescimento rápido e múltiplas utilizações. Entre as suas várias aplicações, a Prosopis juliflora é cada vez mais reconhecida como uma matéria-prima viável para processos de gaseificação, uma tecnologia utilizada para converter biomassa sólida em gases úteis como o hidrogénio (H2), o monóxido de carbono (CO) e o metano (CH4). Este ensaio explora as vantagens, os desafios e o potencial da utilização da biomassa de Prosopis juliflora para gaseificação.

Caraterísticas da biomassa de Prosopis juliflora

A Prosopis juliflora é conhecida pela sua resiliência em climas áridos, o que lhe permite prosperar em áreas com más condições de solo e recursos hídricos limitados. A sua biomassa inclui folhas, ramos e vagens, que podem ser utilizados para a produção de energia. As principais caraterísticas da biomassa de Prosopis juliflora relevantes para a gaseificação incluem o seu elevado poder calorífico, baixo teor de humidade e conteúdo substancial de materiais lignocelulósicos. Estes atributos tornam-na uma candidata favorável à conversão em combustíveis gasosos.

Valor Calorífico: O valor calorífico da biomassa de Prosopis juliflora é tipicamente elevado em comparação com outros tipos de biomassa. Isto deve-se à sua estrutura densa e ao teor significativo de lenhina. Um valor calorífico elevado indica que a biomassa pode produzir uma quantidade substancial de energia durante a gaseificação, tornando-a uma matéria-prima eficiente para a produção de energia.

Teor de humidade: A Prosopis juliflora tem um teor de humidade relativamente baixo, especialmente quando comparado com outras fontes de biomassa, como os resíduos agrícolas. O baixo teor de humidade é vantajoso na gaseificação, uma vez que reduz a energia necessária para evaporar a água e melhora a eficiência global do processo.

Composição lignocelulósica: A biomassa de Prosopis juliflora é rica em lignina, celulose e hemicelulose. A lenhina, um polímero complexo, contribui para a integridade estrutural da planta e pode ser difícil de decompor. No entanto, a sua presença na biomassa é benéfica, uma vez que contribui para o elevado teor energético. A celulose e a hemicelulose são mais facilmente decomponíveis e desempenham um papel crucial na formação de gás de síntese durante a gaseificação.

2. Benefícios da utilização de Prosopis juliflora para gaseificação

Sustentabilidade e impacto ambiental: A Prosopis juliflora pode ser cultivada em terras marginais, utilizando assim áreas improdutivas e reduzindo a concorrência com as culturas alimentares. A sua capacidade de fixar azoto no solo também melhora a fertilidade do solo, contribuindo para uma gestão sustentável da terra. Além disso, a utilização da Prosopis juliflora para gaseificação ajuda a reduzir os resíduos e pode atenuar o impacto ambiental da desflorestação e da degradação dos solos.

Elevado rendimento e crescimento rápido: A Prosopis juliflora é uma espécie de crescimento rápido, o que permite um elevado rendimento de biomassa num curto período de tempo. Este ciclo de crescimento rápido assegura um fornecimento contínuo de matéria-prima para gaseificação, apoiando a produção de energia em pequena e grande escala.

Versatilidade de utilização: O gás de síntese produzido a partir da biomassa de Prosopis juliflora através da gaseificação pode ser utilizado em várias aplicações, incluindo a produção de eletricidade, aquecimento e como precursor para a produção de biocombustíveis e produtos químicos. Esta versatilidade aumenta a viabilidade económica da utilização da Prosopis juliflora como matéria-prima.

Formação reduzida de alcatrão: Em comparação com outros tipos de biomassa, a Prosopis juliflora produz geralmente menos alcatrão durante a gaseificação. O alcatrão é um subproduto que pode causar problemas operacionais e danificar o equipamento. A redução da formação de alcatrão simplifica o processo de gaseificação e melhora a qualidade do gás de síntese produzido.

Desafios e considerações

Pré-processamento da matéria-prima: Apesar das suas vantagens, a biomassa de Prosopis juliflora requer um pré-processamento para otimizar a sua adequação à gaseificação. A biomassa deve ser lascada ou moída até atingir um tamanho uniforme para garantir um desempenho consistente da gaseificação. Além disso, a remoção ou redução da casca e de outros componentes não combustíveis pode aumentar a eficiência do processo.

Alto teor de cinzas: A biomassa de Prosopis juliflora pode ter um teor de cinzas relativamente elevado, o que pode levar a problemas como escórias e incrustações no gaseificador. A gestão efectiva das cinzas e do carvão é necessária para manter a eficiência operacional do sistema de gaseificação.

Variabilidade na qualidade da biomassa: A qualidade da biomassa de Prosopis juliflora pode variar em função de factores como as condições de crescimento, a idade da planta e as variações sazonais. Esta variabilidade pode afetar o desempenho do processo de gaseificação e requer uma monitorização cuidadosa e o ajuste dos parâmetros operacionais.

Concorrência com outros usos: Em regiões onde a Prosopis juliflora é plantada pelos seus benefícios ecológicos, como a estabilização do solo ou como fonte de forragem, pode haver concorrência para a sua utilização como matéria-prima para gaseificação. O equilíbrio destas utilizações é importante para garantir uma gestão sustentável dos recursos de biomassa.

Considerações tecnológicas

Projeto e funcionamento do gaseificador: O projeto do gaseificador desempenha um papel crucial na eficiência do processo de gaseificação. Os gaseificadores Downdraft, de leito fluidizado e de leito fixo são normalmente utilizados para a gaseificação de biomassa. Cada tipo tem suas próprias vantagens e limitações, e a escolha do gaseificador deve ser baseada nas caraterísticas da biomassa de Prosopis juliflora e na aplicação desejada do gás de síntese.

Otimização do processo: As condições ideais de gaseificação, incluindo a temperatura, a pressão e a relação ar/combustível, devem ser cuidadosamente controladas para maximizar o rendimento e a qualidade do gás de síntese. Os avanços nos sistemas de controlo e na monitorização do processo podem ajudar a conseguir um funcionamento consistente e eficiente.

Integração com outras tecnologias: A gaseificação da Prosopis juliflora pode ser integrada com outras tecnologias de energia renovável, como a energia solar ou eólica, para criar sistemas híbridos que melhorem a eficiência e a fiabilidade globais da energia. Além disso, o gás de síntese produzido pode ser utilizado em sistemas combinados de calor e eletricidade (CHP) para melhorar a utilização global da energia.

Perspectivas futuras e direcções de investigação

Melhoria da eficiência da gaseificação: A investigação em curso visa aumentar a eficiência dos processos de gaseificação utilizando biomassa de Prosopis juliflora. Isto inclui a otimização do design dos reactores, o desenvolvimento de catalisadores avançados e a melhoria das técnicas de pré-processamento da matéria-prima.

Desenvolvimento de novas aplicações: A investigação sobre novas aplicações do gás de síntese produzido a partir da Prosopis juliflora pode abrir novas vias para a sua utilização. Por exemplo, explorar o seu potencial como matéria-prima para a produção de produtos químicos de elevado valor ou como substituto do gás natural em processos industriais.

Apoio económico e político: A viabilidade económica e o apoio político são cruciais para a adoção generalizada das tecnologias de gaseificação da Prosopis juliflora. Os incentivos, subsídios e financiamento da investigação podem encorajar o investimento nesta tecnologia e apoiar o seu desenvolvimento e implantação.

Avaliação do impacto ambiental: São necessárias avaliações exaustivas do impacto ambiental para compreender todas as implicações da utilização da biomassa de Prosopis juliflora para gaseificação. Isto inclui a avaliação das emissões do ciclo de vida, a utilização de recursos e os potenciais efeitos ecológicos.

Resumo

A biomassa de Prosopis juliflora oferece um potencial significativo como matéria-prima para a gaseificação, devido ao seu elevado poder calorífico, baixo teor de humidade e caraterísticas de crescimento rápido. Embora existam desafios relacionados com o pré-processamento da matéria-prima, o teor de cinzas e a variabilidade da qualidade da biomassa, os benefícios da utilização da Prosopis juliflora - tais como a sustentabilidade, a redução da formação de alcatrão e a versatilidade de utilização - tornam-na uma escolha atraente para a produção de energia. Os avanços na tecnologia de gaseificação, a investigação em curso e as políticas de apoio desempenharão um papel crucial na realização de todo o potencial da biomassa de Prosopis juliflora em sistemas energéticos sustentáveis. Ao enfrentar os desafios existentes e aproveitar as vantagens, a Prosopis juliflora poderá contribuir significativamente para o desenvolvimento de soluções energéticas mais limpas e mais eficientes

1.2. OBJECTIVO

Por conseguinte, o objetivo deste estudo é desenvolver um modelo termodinâmico estequiométrico para a gaseificação da Prosopis Juliflora e desenvolver um modelo modificado para simular o desempenho num gaseificador de jato descendente. Foi efectuada uma revisão exaustiva da literatura sobre vários modelos de equilíbrio estequiométrico para a gaseificação de biomassa, alguns dos quais foram estudados para desenvolver este modelo são analisados no Capítulo 2. Antes de iniciar a formulação deste modelo de equilíbrio termodinâmico, é necessário efetuar um estudo preliminar da biomassa.

Depois de prever o rendimento do gás de síntese utilizando o modelo de equilíbrio termodinâmico, o objetivo era comparar o rendimento previsto com os valores experimentais da gaseificação downdraft de Prosopis Juliflora e sugerir modificações ao modelo. No entanto, devido à crise da Covid-19, esta secção do projeto não pôde ser executada. Em vez disso, foi incorporado o balanço energético para prever a temperatura de gaseificação e estudada a eficiência energética do processo.

CAPÍTULO 2

REVISÃO DA LITERATURA

2.1. GASEIFICADOR DOWNDRAFT

2.1.1. Introdução

A gaseificação da biomassa é a combustão incompleta da biomassa que resulta na produção de uma mistura de gases denominada gás de produção, que consiste em monóxido de carbono (CO), hidrogénio (H2) e vestígios de metano (CH4)[12] . Uma vez que qualquer material de biomassa pode ser gaseificado, este processo é muito mais atrativo do que a produção de etanol ou de biogás, em que apenas materiais de biomassa selecionados podem produzir o combustível. [16] Um equipamento eficiente para efetuar o processo de gaseificação é o gaseificador downdraft[19] . Este tem quatro zonas distintas: zona de secagem superior, secção de pirólise superior-média, zona de oxidação inferior-média e zona de redução inferior.

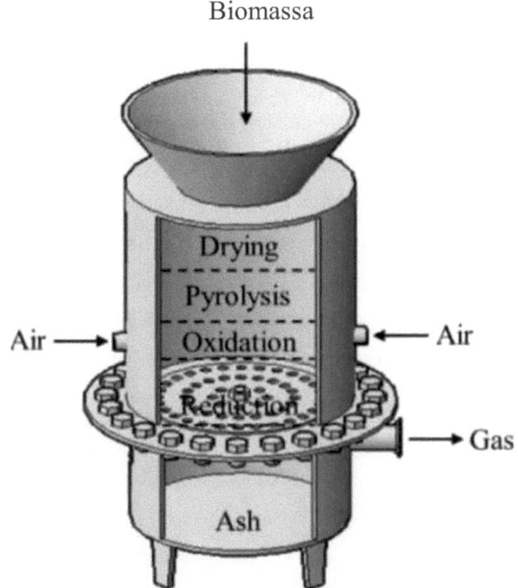

Figura 2.1: Esboço esquemático do gaseificador Downdraft [18]

2.1.2. Secagem

Normalmente, a temperatura na zona de secagem é de cerca de 100-200 °C e converte a humidade em vapor de água. A conversão ocorre devido à transferência de calor entre os gases quentes da zona de oxidação e a biomassa na zona de secagem

2.1.3. Pirólise

Durante a pirólise, as moléculas de biomassa são decompostas em gases condensáveis, alcatrão e carvão a temperaturas entre 200 e 700 °C, na ausência de oxigénio, como mostra a figura. Os gases condensáveis, por sua vez, são decompostos em gases não condensáveis (CO, CO2, H2 e CH4), líquido e carvão[17] . A decomposição ocorre entre a fase gás-gás (reação homogénea) e a fase gás-sólido (reação heterogénea). O vapor condensável é decomposto em gases permanentes não condensáveis (CO e CO2).

2.1.4. Oxidação

O calor libertado durante a oxidação é utilizado para a secagem, a pirólise e outras reacções endotérmicas durante a redução. A temperatura de oxidação é de cerca de 800-1400 °C. A oxidação parcial do carvão vegetal (C) produz monóxido de carbono e calor, enquanto a oxidação total do carvão vegetal produz dióxido de carbono e mais calor.

2.1.5. Redução

As principais reacções de gaseificação, tanto endotérmicas como exotérmicas, ocorrem durante o processo de redução. Bouduard e Água-Gás são reacções endotérmicas. Entretanto, as reacções de deslocamento água-gás e de metano são reacções exotérmicas. As reacções endotérmicas utilizam 303 kJ/mol de calor.

2.1.6. Pós - Redução

Os gases do produto saem num ponto imediatamente abaixo da grelha do gaseificador, o que permite o craqueamento parcial dos alcatrões formados. Assim, ao contrário do gaseificador de tiragem ascendente, o teor de alcatrão é significativamente minimizado, mantendo o fluxo de ar e de combustível na mesma direção no gaseificador de tiragem descendente. O gás do produto contém uma baixa concentração de partículas e alcatrão, uma vez que a maior parte é queimada no gaseificador. O gaseificador downdraft é ideal quando se deseja um gás limpo.

2.2. MODELO DE EQUILÍBRIO TERMODINÂMICO:

O estado de equilíbrio termodinâmico dá a conversão máxima dos reagentes. Apesar de o equilíbrio termodinâmico não ser praticamente alcançável no gaseificador, este modelo pode ser utilizado para prever o rendimento máximo que pode ser alcançado para um produto específico num sistema de reação[4] . Muitos investigadores modelaram gaseificadores downdraft utilizando o modelo de equilíbrio estequiométrico. Alguns destes modelos que foram estudados para desenvolver este trabalho foram revistos nesta secção.

Zainal et al[5] desenvolveram um modelo de equilíbrio para diferentes biomassas que teve em conta o valor inicial do teor de humidade e a temperatura na zona de gaseificação. A fórmula empírica da biomassa era uma combinação de carbono, hidrogénio e oxigénio e o modelo foi resolvido utilizando as equações de balanço de massa e as constantes de equilíbrio da reação de metanação e de transferência de gás da água. Este modelo não teve em conta a produção de alcatrão e carvão.

Barman et al.[6] desenvolveram um modelo que incluía a formação de alcatrão. Ao alcatrão foi atribuída uma fórmula empírica $CH1.003O0.33$, retirada de Tinaut et al.[7] . Uma vez que havia seis variáveis a determinar neste modelo, foram tidas em conta as reacções de metanação, de transferência de gás de água e de reformação a vapor para prever a composição do gás de síntese. A temperatura de gaseificação também foi prevista utilizando equações de balanço energético.

Huang e Ramaswami[8] criaram dois modelos para comparar a composição do gás de síntese com e sem a inclusão de carvão no modelo. Uma vez que as reacções químicas num gaseificador nunca atingem o equilíbrio devido a limitações cinéticas, foi considerado um fator de correção para as constantes de equilíbrio que foram incluídas nos modelos.

Jarungthammachote e Dutta[9] desenvolveram um modelo para a gaseificação de resíduos num gaseificador de jato descendente. Este modelo também incluiu uma análise exergética do gaseificador para avaliar o efeito do teor de humidade no desempenho do gaseificador. O modelo foi avaliado experimentalmente e foi sugerido um fator de correção para melhorar a precisão do modelo.

Mendiburu et al.[10] compararam quatro modelos estequiométricos diferentes que modelaram a gaseificação da biomassa num gaseificador de jato descendente, tendo um dos modelos sido desenvolvido utilizando correlações que relacionam o teor de H2, CO e CO2 no gás de síntese. Foi também apresentado um estudo de caso para a gaseificação de uma mistura de aparas de madeira de folhosas e glicerol numa proporção de 4:1.

Rupesh et al.[11] consideraram um modelo de equilíbrio em que o carvão era um parâmetro de entrada representado pela composição de carbono não convertido obtida da literatura. O alcatrão foi também controlado através de uma relação que limita a percentagem de alcatrão em peso no gás de síntese. Uma análise energética é também apresentada para mostrar a variação da eficiência do gás frio com a temperatura e a razão de equivalência.

O trabalho de Patra e Sheth[12] apresenta um breve historial das alterações na modelação do equilíbrio estequiométrico da gaseificação da biomassa ao longo do tempo, analisando muitos desses modelos e comparando o seu desempenho com outros modelos de gaseificação da biomassa, como o CFD, o cinético e o Aspen plus.

CAPÍTULO 3

METODOLOGIA

3.1 MATERIAL: PROSOPIS JULIFLORA

A Prosopis Juliflora é uma planta habitual nas zonas rurais do estado indiano de Tamil Nadu. É amplamente utilizada para vários fins, como lenha, produção de carvão vegetal e como agente de biocontrolo de pragas e doenças. Em tempos anteriores, foi introduzida voluntariamente no processo de recuperação de solos alcalinos e salinos. [13]

No entanto, a erradicação da Prosopis Juliflora nas zonas rurais, especialmente nas regiões onde a agricultura é praticada de forma substancial, tornou-se muito comum. A Prosopis Juliflora utiliza a sua raiz axial profunda para procurar água subterrânea, baixando assim drasticamente o lençol freático. A Prosopis Juliflora é também classificada como uma espécie altamente invasora, reduzindo assim a produção de culturas desejáveis nas regiões vizinhas. [14]

Assim, tornou-se necessário encontrar uma utilização alternativa para as plantas erradicadas de Prosopis Juliflora. Este artigo dedica-se à investigação da viabilidade da utilização desta espécie como combustível.

3.2 ANÁLISE DAS MATÉRIAS-PRIMAS

A análise preliminar da matéria-prima é um passo essencial para compreender melhor o processo e determinar necessariamente se a biomassa pode produzir gás de síntese com elevada eficiência. O primeiro passo para determinar a composição da biomassa é preparar a amostra, que é reduzida em tamanho em comparação com a matéria-prima real.

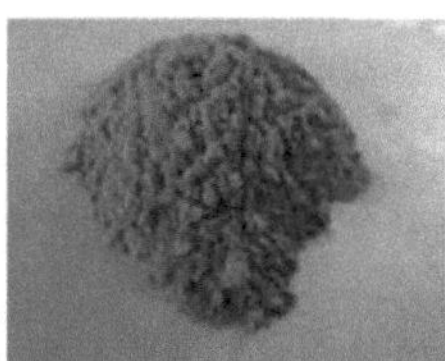

Figura 3.1. Prosopis Juliflora, antes e depois da redução de tamanho.

3.2.1 Análise final

O poder calorífico de um combustível de biomassa pode ser determinado experimentalmente utilizando um calorímetro de bomba adiabático que mede a variação de entalpia entre reagentes e produtos. A utilização de um calorímetro de bomba, embora relativamente simples e exacta, pode nem sempre ser acessível aos investigadores. Para contornar este problema, os investigadores que dispõem de um analisador elementar efectuam normalmente análises próximas ou finais e utilizam subsequentemente os dados resultantes para determinar o valor de aquecimento através de correlações empíricas estabelecidas. [15]

A análise final é efectuada para determinar a composição elementar da biomassa em causa. A percentagem de C, H, N e S é determinada utilizando o analisador CHNS no CSIR - Central Electrochemical Research Institute, Tamil Nadu. O equipamento utilizado é o Vario EL III, fabricado pela Elementar, que utiliza a tecnologia de cromatografia de purga e armadilha.

A análise final ajuda a estimar o Valor de Aquecimento Superior (HHV), que é uma propriedade essencial da biomassa que define o conteúdo energético do combustível. Foram desenvolvidas fórmulas para calcular os valores de aquecimento superiores de várias amostras de biomassa a partir dos seus dados finais. Os HHVs calculados utilizando estas correlações mostram diferenças médias muito pequenas em relação aos valores medidos. As fórmulas desenvolvidas são, portanto, adequadas para serem utilizadas na nossa investigação. Neste trabalho, o resultado da análise final é utilizado para calcular a fórmula empírica da biomassa, que é vital para escrever a reação global de gaseificação.

Amostra de biomassa	C%	H%	N%	S%
Prosopis Juliflora	47.9600	6.6140	0.2930	0.5390

Tabela 3.1: Resultados da análise final

3.2.2 Análise Proximal

A análise proximal é um método muito mais simples e menos dispendioso para descobrir a composição bruta da biomassa. Determina a percentagem de humidade, matéria volátil, carbono fixo e cinzas. Um forno tubular simples é o principal equipamento utilizado nesta análise.

Para determinar a composição da matéria volátil, coloca-se 1 g da amostra num cadinho coberto e mantém-se no forno a uma temperatura de 950 graus Celsius. Após 7 minutos, a amostra é retirada e pesada para determinar a perda devida à devolatilização. O teor de cinzas é determinado retirando a cobertura do cadinho e mantendo a temperatura a 600 graus Celsius. Quando todo o carbono estiver queimado, a amostra é pesada e o teor de cinzas é determinado. O teor de humidade é determinado por aquecimento da amostra a uma temperatura constante ligeiramente acima do ponto de ebulição da água, seguido da pesagem da amostra. O processo é repetido até que não haja diferença de peso antes e depois da realização do teste. A diferença entre o peso das amostras frescas e secas dá a percentagem de humidade. O teor de carbono fixo é calculado utilizando a diferença.

Amostra de biomassa	Matéria Volátil%	Carbono fixo %	Humidade %	% de cinzas
Prosopis Juliflora	72.65	16.87	3.24	7.24

Quadro 3.2: Resultados da análise aproximada

3.2.3 Maior poder calorífico

O valor calorífico de um combustível pode ser expresso utilizando duas bases, o valor calorífico superior e o valor calorífico inferior[21] . O calor libertado pela combustão do combustível com a água original e a água gerada no estado condensado é conhecido como HHV, enquanto o LHV se baseia na água gasosa como produto. O poder calorífico pode ser determinado experimentalmente utilizando um calorímetro de bomba adiabática.

O calorímetro de bomba é constituído por uma "bomba" de oxigénio pressurizado, que é colocada num recipiente cheio de água desionizada e um fio fusível. A amostra é queimada pela corrente eléctrica transportada pelo fio fusível após estabilização da temperatura. A água desionizada absorve o calor libertado por esta combustão, o que resulta num aumento acentuado da temperatura da água. A temperatura da água é continuamente observada e anotada até que as leituras de temperatura se estabilizem. Conhecendo os parâmetros do material do calorímetro de bomba, da água e do fio de espoleta, encontra-se a quantidade de calor libertada pela combustão e o poder calorífico da amostra.

O HHV da Prosopis Juliflora calculado experimentalmente = 17,91 MJ/kg

3.3 . O MODELO

3.3.1. Composição molar para uma dada temperatura.

3.3.1.1. Condições iniciais

Após a realização dos testes preliminares, a biomassa é representada por uma fórmula uniforme generalizada. $CH1.64O0.7N0.0052S0.0042$ é a fórmula empírica que foi calculada utilizando os resultados da análise final.

A reação global de gaseificação da biomassa para este modelo pode ser representada como:

$$CH_{1.64}O_{0.7}N_{0.0052}S_{0.0042} + w\ H_2O + m\ (O_2 + 3.76\ N_2)$$

$$\rightarrow$$

$$n_1\ H_2 + n_2\ CO + n_3\ CH_4 + n_4\ CO_2 + n_5\ H_2O + (0.0026 + 3.76m)\ N_2 + 0.0042\ H_2S$$

Onde n1, n2, n3, n4 e n5 representam o número de moles de H2, CO, CH4, CO_2 e H_2O, respetivamente. O teor de humidade é expresso por w, e m = 2,21 E.R.

A reação global de gaseificação deve ser equilibrada utilizando as seguintes equações:

Balanço de carbono:

$$1 - n_2 - n_3 - n_4 = 0 \quad (1)$$

Equilíbrio de hidrogénio:

$$1.6042 - 2n_1 - 4n_3 - 2n_5 = 0 \quad (2)$$

Equilíbrio de oxigénio:

$$0.72408 - n_2 - 2n_4 - n_5 - 2m = 0 \quad (3)$$

3.3.1.2 Reacções na zona de redução

A zona de redução pode ser caracterizada pelas cinco reacções abaixo indicadas.

Reação primária de gás de água	: $C + H_2O \rightarrow CO_2 + H_2$
Reação de Boudouard	: $C + CO_2 \rightarrow 2CO$
Reação de deslocamento de gás da água	: $CO + H_2O \rightarrow CO_2 + H_2$
Reação de metanação	: $C + 2H_2 \rightarrow CH_4$
Reação de Reforma do Vapor	: $CH_4 + H_2O \rightarrow CO + 3H_2$

Para além das equações 1, 2 e 3, são necessárias mais duas equações para completar o modelo. Estas podem ser obtidas selecionando duas das cinco reacções da zona de redução acima mencionadas. As duas reacções selecionadas têm de ser independentes uma da outra[10]. Quando uma combinação de duas reacções dá origem a uma terceira reação, diz-se que as três reacções são dependentes entre si.

As duas reacções escolhidas para este modelo são a reação de transferência de gás da água e a reação de reformação a vapor. A reação de reformação a vapor utiliza o metano para produzir mais hidrogénio e monóxido de carbono. O monóxido de carbono reage ainda com o vapor de água na zona de redução para produzir mais hidrogénio e dióxido de carbono. Por conseguinte, estas duas equações foram selecionadas para observar as tendências dos três principais componentes do gás de síntese, que são utilizadas para calcular o seu poder calorífico inferior.

A constante de equilíbrio da reação de reformação a vapor aumenta a temperaturas de gaseificação elevadas, enquanto a constante de equilíbrio da reação de transferência de gás da água diminui.[25]

Reação da Reforma do Vapor:

$$K1 = 1.198 * 10^{13} * e^{-26830/T} \quad (4)$$

$$K1 = (n_1^3 * n_2) / (n_3 * n_5) \quad (5)$$

Reação de deslocamento de gás da água:

$$K2 = e^{(4276/T) - 3.961} \quad (6)$$

$$K2 = (n_1 * n_4) / (n_2 * n_5) \quad (7)$$

As equações 1-7 são resolvidas simultaneamente utilizando o MATLAB. É necessário validar este modelo comparando o rendimento dos componentes de gás de síntese do modelo com o rendimento experimental de gás de síntese obtido por gaseificação da biomassa Prosopis Juliflora utilizando o gaseificador de jato descendente instalado no Laboratório Térmico, Departamento de Engenharia Mecânica, N.I.T. Trichy. Isto é necessário porque não existem valores na literatura para a gaseificação experimental desta biomassa. No entanto, devido à crise da Covid-19, esta secção do projeto não pôde ser concluída.

3.3.2. Balanço energético

A equação do balanço energético foi incorporada no modelo, para além do projeto existente. Esta equação permite determinar a temperatura da zona de redução do gaseificador para um determinado rácio de equivalência. O modelo assume que o processo de gaseificação é adiabático[5] e, por conseguinte, o calor perdido para o ambiente devido à convecção e radiação e o influxo de calor devido ao fluxo de combustível e fluidos não são contabilizados neste modelo.

$$H_{reactant} + Q_{6n} = H_{products} + Q_{out} \quad (8)$$

Onde, $Qen = Qout = 0$, uma vez que o sistema é considerado adiabático.

$$H_{reactants} = h^0_{<b>omass} + w * [h^0_{<ma\rangle stFGe} + \int_{298}^{T_\rangle} C_{p6}\, dT_6]$$

$$H_{products} = \sum_{products} n_6 * [h^0_{<\rangle} + \int_{298}^{T_\rangle} C_{p6} dT_6] + n_{tar} * h^0_{<taG}$$

$h^0_{<\rangle 1}$ a entalpia de formação em unidades kJ/kmol, e tem um valor de zero para todos os elementos químicos no estado de referência (298K, 1atm).

$h^0_{<b>omass}$ da biomassa é calculado utilizando a relação entre o HHV que foi obtido experimentalmente. A relação entre o HHV da biomassa e a sua entalpia de formação é derivada do balanço energético da equação de combustão da biomassa.

$$h^0_{<b>omass} = HHV_{biomass} + h^0_{<OP2} + [H]/2 * h^0_{<H2P}$$

$\int_{298}^{T_\rangle} C_p dT$ é a aproximação da energia à diferença entre a entalpia num determinado estado e o estado de referência. *O CpdT* é o calor específico de um componente a pressão constante e varia com a temperatura. É medido em J/mol. O valor do *CpdT* é dado por uma relação conhecida como equação de Shomate [22]

$$C_p = a + b * T_6 + c * T_6^2 + d * T_6^3,$$ daí,

$$\int_{298}^{T_\rangle} C_p * T_6 dT_6 = \mathrm{V} a * T_6 + b * (T_6^2/2) + c * (T_6^3/3) + d * (T_6^4/4) \mathrm{V}\ _{298}^{T_\rangle}$$

Em que a, b, c e d são coeficientes específicos de cada componente, cujos valores são dados no quadro seguinte:

Tabela 3.3. Valores das constantes a utilizar na equação 8[22]

Composto	a	b	c	d	Gama T
H2	3.31E+01	-1.14E-02	1.14E-05	-2.77E-09	298-1000
CO	2.56E+01	6.10E-03	4.05E-06	-2.67E-09	298-1300
CH4	-7.03E-01	1.08E-01	-4.25E-05	5.86E-09	298-1300
CO2	2.50E+01	5.52E-02	-3.37E-05	7.95E-09	298-1200
gás H2O	3.01E+01	6.83E-03	6.79E-06	-2.53E-09	500-1700
H2O(humidade)	-2.04E+02	1.52E+00	-3.20E-03	2.47E-06	298-500
N2(2)	1.95E+01	1.99E-02	-8.60E-06	1.37E-09	500-2000
N2(1)	2.90E+01	1.85E-03	-9.65E-06	1.66E-08	298-500
H2S	2.69E+01	1.87E-02	3.43E-06	-3.38E-09	298-1400

A temperatura é calculada através da incorporação da equação 8 juntamente com as equações 1-7. O algoritmo de execução deste modelo é apresentado no capítulo seguinte.

3.3.3 Eficiência energética

A eficiência de um gaseificador pode ser expressa em termos de eficiência de gás frio ou eficiência de gás quente. A eficiência do gás quente considera o aquecimento do carvão não convertido como uma perda. Uma vez que este modelo não considera a quantidade de carvão, a eficiência é expressa como Eficiência de Gás Frio. A CGE é a energia potencial de saída sobre a energia de entrada[4] . É dada pela relação abaixo :[11]

Equação:

$$CGE(\%) = (V_{Zas} * LHV_{synZas} * 100) / (M_{b6omass} * LHV_{b6omass})$$

Nesta secção, a eficiência do gás frio é baseada no *HHVb6omass da* biomassa em base seca, em comparação com o valor experimentalmente estimado do *HHVb6omass, que* é seco e sem cinzas. O HHV da biomassa em base seca pode ser calculado com a ajuda dos resultados da análise proximal e final, utilizando a relação abaixo indicada:

$$HHV_{b6omass} = 0.3491[C] + 1.1783[H] + 0.1005[S] - 0.1034[O] - 0.0151[N] - 0.0211[Ash]$$

Utilizando o valor de HHV obtido a partir da equação acima, estima-se *o LHVb6 da biomassa* utilizando a seguinte equação:

$$LHV_{b6omass} = HHV_{b6omass} - 21.97[H]$$

O LHVsyniasis é calculado utilizando a composição percentual de hidrogénio, monóxido de carbono e metano com a relação dada abaixo:

$$LHV_{synZas} = 10.79[H_2] + 12.6[CO] + 35.86[CH_4$$

CAPÍTULO 4

ALGORITMO E EXECUÇÃO DO MODELO

4.1. DESCRIÇÃO DOS SOFTWARES UTILIZADOS

Os cálculos são predominantemente efectuados através da utilização dos seguintes programas informáticos: 1. MATLAB R2020a

2. Folhas de cálculo do Google

O MATLAB R2020a é uma linguagem de programação utilizada para cálculos matriciais simplificados, simulações e análises. Neste projeto, utilizámos o MATLAB R2020a para executar o método iterativo multivariável de Newton Raphson[23] para determinar a composição molar dos produtos para uma dada temperatura, utilizando equações de conservação da massa e de equilíbrio. Utilizamos também o método iterativo de Newton Raphson de variável única[24] para efetuar a análise energética e determinar o valor de temperatura pretendido.

O Google Spreadsheets é uma ferramenta de análise de dados utilizada para desenhar uma representação pictórica e numérica dos dados introduzidos. A utilização do Google Spreadsheets em vez do Microsoft Office Excel é preferível devido à possibilidade de partilha de ficheiros e de acesso remoto. Neste projeto, utilizámos o Google Spreadsheets para determinar o rendimento em termos de percentagens de fracções molares. Esta informação é também utilizada para calcular a eficiência do gás de carvão. Os valores numéricos obtidos são analisados pictoricamente através de gráficos de barras e de linhas para tirar conclusões significativas.

Nas subsecções seguintes serão descritos todos os processos que foram realizados no software MATLAB R2020a, enquanto os gráficos e tabelas criados no Google Spreadsheets serão elaborados no Capítulo 5 - Resultados e Discussões.

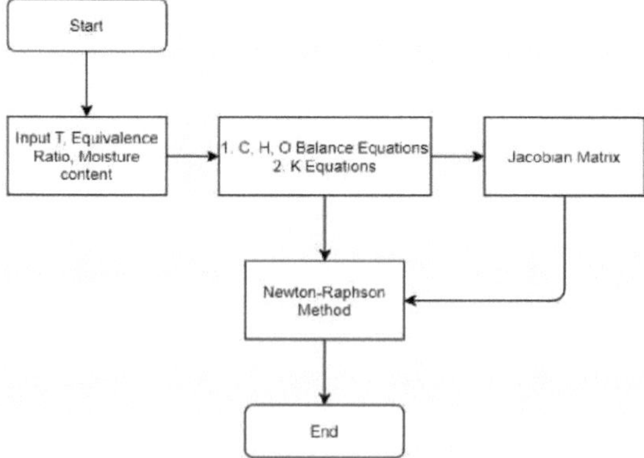

Figura 4.1. Algoritmo 1

4.3. CÓDIGO MATLAB PARA IMPLEMENTAR O ALGORITMO 1

4.3.1. Ficheiro 1: Moles - para encontrar o Jacobiano da matriz de balanço molecular

```
função [fval,jac] = moles(X)
% Variáveis
u=X(1);
v=X(2);
w=X(3);
x=X(4);
y=X(5);
T = 950;
ER = 0,371;
K1 = 1,198*10A(13)*exp(-26830/T);
K2 = exp((4276/T)-3,961);
% Equações
fval(1,1)= K1*w*y - (u^ 3)*v;
fval(2,1)= K2*v*y - u*x;
fval(3,1)= 1 - (v+w+x);
fval(4,1)= 1,60416 - ((2*u)+(4*w)+(2*y));
fval(5,1)= 0,724 + 2*ER - (v+(2*x)+y);
% Jacobiano
jac= [-3*X(1)*X(1)*X(2), -X(1)A(2), K1*X(5), 0, K1*X(3);
-X(4), K2*X(5), 0, -X(1), K2*X(2);
0, -1, -1, -1, 0;
-2, 0, -4, 0, -2;
0, -1, 0, -2, -1];
fim
```

4.3.2. Ficheiro 2: NewtonRalphson - para executar o processo Newton Raphson para uma dada temperatura para encontrar a composição molar.

```
% Condições iniciais
X0 = [0.2;0.3;0.4;0.3;0.2];
maxite = 50;
tolX = 1e-4;
% Newton Raphson
```

```
X = X0;
Xold = X0;
para i=1:maxite
[f,j] = moles(X);
X = X - inv(j)*f;
err(:,i) = abs(X-Xold);
Xold = X;
se (err(:,i)<tolX)
pausa;
fim
fim
```

4.4. EXECUÇÃO DO ALGORITMO 1 EM MATLAB

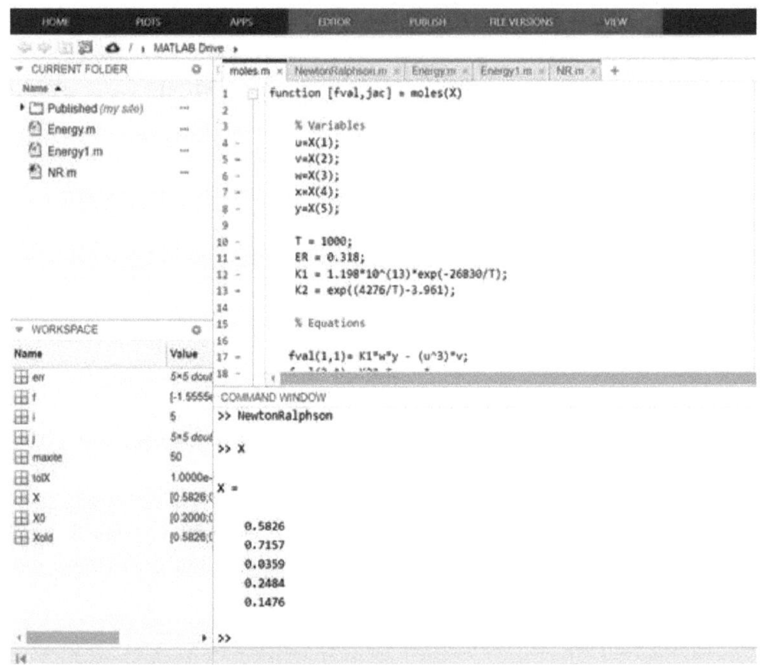

Figura 4.2. Fragmento MATLAB do Algoritmo 1

4.5. ALGORITMO 2 - DETERMINAÇÃO DA TEMPERATURA ATRAVÉS DA ENERGIA BALANÇO

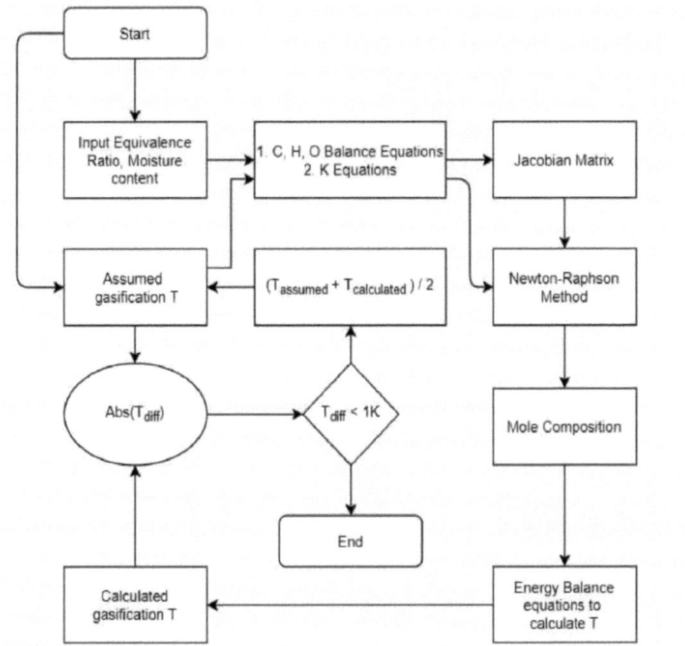

Figura 4.3. Algoritmo 2

4.6. CÓDIGO MATLAB PARA EXECUTAR O ALGORITMO 2

4.6.1. Ficheiro 1: Moles - para encontrar o Jacobiano da matriz de balanço molecular

```
função [fval,jac] = moles(X)
% Variáveis
u=X(1);
v=X(2);
w=X(3);
x=X(4);
y=X(5);
T = 950;
ER = 0,371;
K1 = 1,198*10A(13)*exp(-26830/T);
K2 = exp((4276/T)-3,961);
```

```
% Equações
fval(1,1)= K1*w*y - (u^ 3)*v;
fval(2,1)= K2*v*y - u*x;
fval(3,1)= 1 - (v+w+x);
fval(4,1)= 1,60416 - ((2*u)+(4*w)+(2*y));
fval(5,1)= 0,724 + 2*ER - (v+(2*x)+y);
% Jacobiano
jac= [-3*X(1)*X(1)*X(2), -X(1)A(2), K1*X(5), 0, K1*X(3);
-X(4), K2*X(5), 0, -X(1), K2*X(2);
0, -1, -1, -1, 0;
-2, 0, -4, 0, -2;
0, -1, 0, -2, -1];
fim
```

4.6.2. Ficheiro 2: NewtonRalphson - para executar o processo Newton Raphson para uma dada temperatura para encontrar a composição molar.

```
% Condições iniciais
X0 = [0.2;0.3;0.4;0.3;0.2];
maxite = 50;
tolX = 1e-4;
% Newton Raphson
X = X0;
Xold = X0;
para i=1:maxite
[f,j] = moles(X);
X = X - inv(j)*f;
err(:,i) = abs(X-Xold);
Xold = X;
se (err(:,i)<tolX)
pausa;
fim
fim
```

4.6.3. Ficheiro 3: Energia - para encontrar o termo "final" no ficheiro Nr2 e, assim, efetuar o balanço energético

```
função [final] = Energia(Ti,mol)
% Condições iniciais
```

```
T0 = 298.15;
% Matriz de coeficientes
Coefl = [33,066178*Ti, -0,011363417*((TiA2)/2), 0,000011432816*((Ti^ 3)/3), -
0,000000002772874*((Ti^ 4)/4);
25,56759*Ti, 0,00609613*((TiA2)/2), 0,000004054656*((TiA3)/3), -
0,00000000267l30l*((TiA4)/4);
-0.703029*Ti, 0.l084773*((TiA2)/2), -0.00004252l57*((TiA3)/3),
0.000000005862788*((TiA4)/4);
24.99735*Ti, 0.055l8696*((TiA2)/2), -0.00003369l37*((TiA3)/3),
0.000000007948387*((TiA4)/4);
30,092*Ti, 0,0068325l4*((TiA2)/2), 0,000006793435*((TiA3)/3), -
0.00000000253448*((TiA4)/4)
l9.50583*Ti, 0.0l988705*((TiA2)/2), -0.000008598535*((TiA3)/3),
0.00000000l369784*((TiA4)/4);
26,884l2*Ti, 0,0l867809*((TiA2)/2), 0,000003434203*((TiA3)/3), -
0,000000003378702*((TiA4)/4)];
Coef2 = [33,066l78*T0, -0,0ll363417*((T0A2)/2), 0,00001l432816*((T0A3)/3), -
0,000000002772874*((T0A4)/4);
25,56759*T0, 0,006096l3*((T0A2)/2), 0,000004054656*((T0A3)/3), -
0,00000000267l30l*((T0A4)/4);
-0.703029*T0, 0.l084773*((T0A2)/2), -0.00004252l57*((T0A3)/3),
0.000000005862788*((T0A4)/4);
24.99735*T0, 0.055l8696*((T0A2)/2), -0.00003369l37*((T0A3)/3),
0.000000007948387*((T0A4)/4);
-203,606*T0, l,52329*((T0A2)/2), -0,003l964l3*((T0A3)/3), 0,000002474455*((T0A4)/4);
28.98641*T0, 0.00l853978*((T0A2)/2), -0.000009647459*((T0A3)/3),
0.00000001663537*((T0A4)/4);
26,88412*T0, 0,01867809*((T0^ 2)/2), 0,000003434203*((T0^ 3)/3), -
0,000000003378702*((T0^ 4)/4)];
hfvals = [0, -110527, -74873, -393522, -241818, 0, -20630];
% Equações de produto
prod1 = transpor(Coef1)*mol;
prod2 = transposição(Coef2)*mol;
hf = hfvals*mol;
prod = sum(prod1,'all') - sum(prod2,'all') + hf;
```

```
% Equações dos Reagentes
reac1 = (30,092*Ti + 0,006832514*((T^2)/2) + 0,000006793435*((T^3)/3)) -
0,00000000253448*((TW)/4) + 16350;
reac = -178898.8 + 0.02406*(-285800) + 0.02406*reac1;
% Equação final
final = reac - prod;
fim
```

4.6.4. Ficheiro 4: Energy1 - para encontrar o termo "df" no ficheiro Nr2 e, assim, efetuar o balanço energético

```
função [df] = Energia1(Ti,mol)
% Matriz de coeficientes
dCoef1= [33.066178, -0.011363417*Ti, 0.000011432816*(T^2), -
0.000000002772874*(T^3);
25,56759, 0,00609613*Ti, 0,000004054656*(T^2), - 0,000000002671301*(T^3);
-0,703029, 0,1084773*Ti, -0,00004252157*(Ti^ 2), 0,000000005862788*(Ti^ 3);
24,99735, 0,05518696*Ti, -0,00003369137*(Ti^ 2), 0,000000007948387*(Ti^ 3);
30,092, 0,006832514*Ti, 0,000006793435*(TiA2), - 0,00000000253448*(TiA3);
19,50583, 0,01988705*Ti, -0,000008598535*(TiA2), 0,000000001369784*(TiA3);
26,88412, 0,01867809*Ti, 0,000003434203*(TiA2), - 0,000000003378702*(TiA3)];
% Equações de produto
dp1 = transposição(dCoef1)*mol;
dp = sum(dp1,'all');
% Equações dos Reagentes
dr = 0,02406*(30,092 + 0,006832514*Ti + 0,000006793435*(TiA2) -
0,00000000253448*(TiA3));
% Equação final
df = dr - dp;
fim
```

4.6.5. Ficheiro 5: Nr - para realizar o processo de Newton Raphson para uma dada composição molar para encontrar a temperatura.

```
% Condições iniciais
T0 = 700;
maxite = 50;
tolX = 1e-4;
mol = [0,5001; 0,5845; 0,0629; 0,3526; 0,1762; 1,3801; 0,0042];
```

```
% Cálculo utilizando o método de Newton Raphson
Ti = T0;
Contado = T0;
para i=1:maxite
f = Energia(Ti,mol);
dif = Energia1(Ti,mol);
Ti = Ti - f/dif;
err = abs(Ti - Dito);
Contado = Ti;
se (err<tolX)
pausa;
fim
fim
```

4.7. EXECUÇÃO DO ALGORITMO 2 EM MATLAB

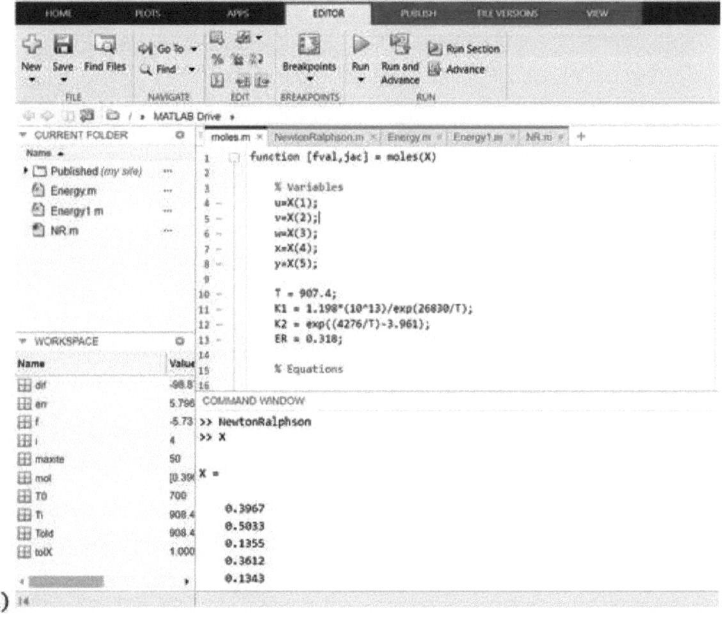

a.)

b.) 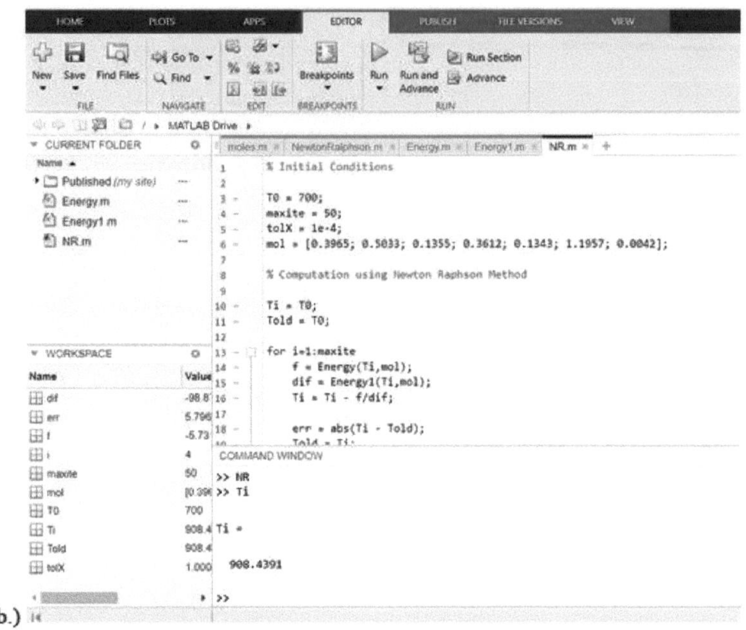

c.) 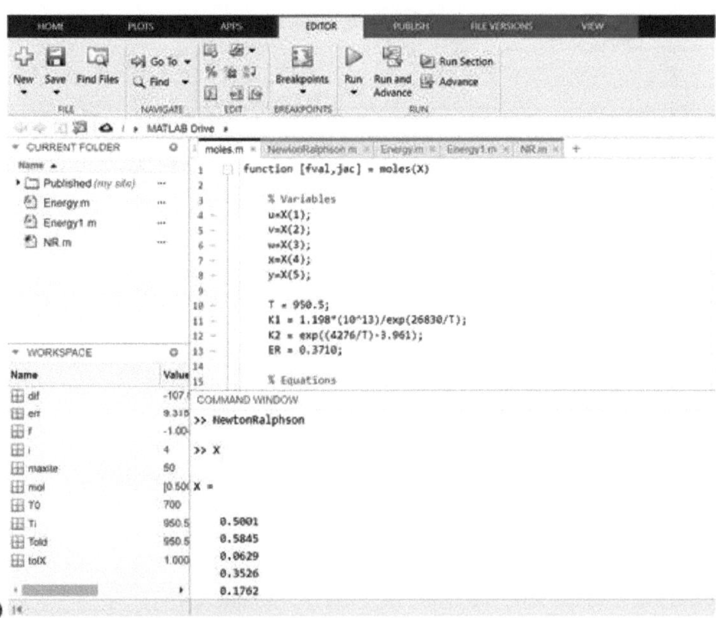

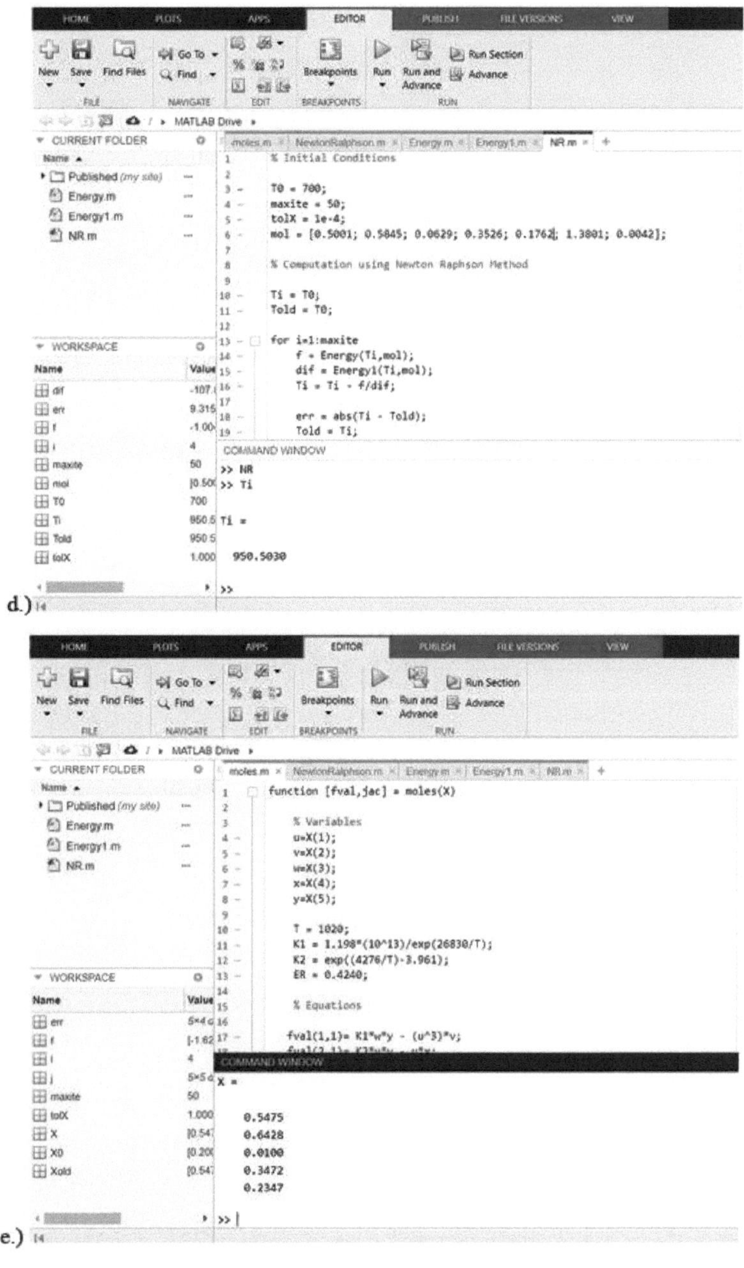
HOME
PLOTS
APPS
EDITOR
PUBLISH
FILE VERSIONS
VIEW
MATLAB Drive
CURRENT FOLDER
Published (my site)
Energy.m
Energy1.m
NR.m
% Initial Conditions
T0 = 700;
maxite = 50;
tolX = 1e-4;
mol = [0.5001; 0.5845; 0.0629; 0.3526; 0.1762; 1.3801; 0.0042];
% Computation using Newton Raphson Method
Ti = T0;
Told = T0;
for i=1:maxite
f = Energy(Ti,mol);
dif = Energy1(Ti,mol);
Ti = Ti - f/dif;
err = abs(Ti - Told);
Told = Ti;
WORKSPACE
COMMAND WINDOW
>> NR
>> Ti
Ti =
950.5030
>>
d.)
function [fval,jac] = moles(X)
% Variables
u=X(1);
v=X(2);
w=X(3);
x=X(4);
y=X(5);
T = 1020;
K1 = 1.198*(10^13)/exp(26830/T);
K2 = exp((4276/T)-3.961);
ER = 0.4240;
% Equations
fval(1,1)= K1*w*y - (u^3)*v;
X =
0.5475
0.6428
0.0100
0.3472
0.2347
>>
e.)

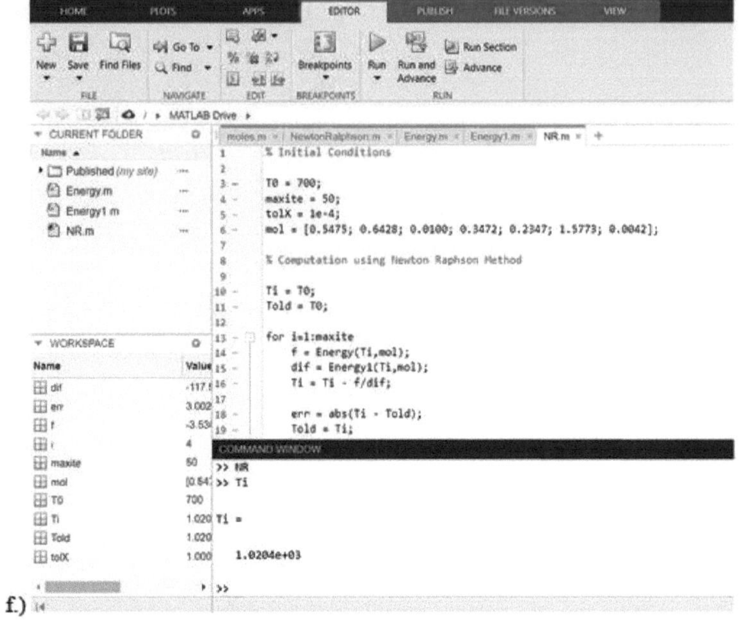

f.)

Figura 4.4. a,b,c,d,e,f - Trechos em MATLAB do Algoritmo 2

CAPÍTULO 5

RESULTADOS E DEBATES

5.1 VARIAÇÃO DA COMPOSIÇÃO DO GÁS DE SÍNTESE SECO COM A TEMPERATURA

Para o primeiro ensaio, a razão de equivalência, o teor de humidade e a temperatura foram dados como dados de entrada. A variação da composição do gás de síntese seco com a temperatura foi estudada. A ER foi fixada em 0,175.

Produzir t	% a T = 950 K	% a T = 1000 K	% a T = 1050 K	% a T = 1100 K	% a T = 1150 K
H2	17.34	17.31	19.19	19.76	19.6528
CO	20.26	20.23	22.77	24.19	25.0647
CH4	2.18	2.20	0.83	0.26	0.0775
CO2	12.22	12.25	10.29	9.21	8.5560
N2	47.85	47.86	46.77	46.45	46.5075

Tabela 5.1. Efeito da temperatura na composição do gás de síntese seco

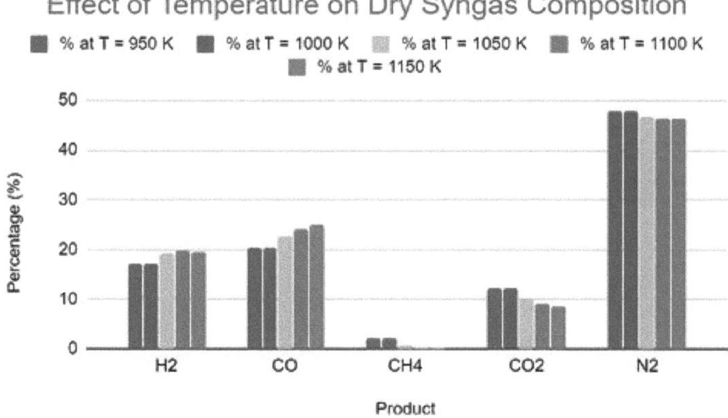

Figura 5.1. Efeito da temperatura na composição do gás de síntese seco

A percentagem de hidrogénio varia entre 17% e 20%, o que está próximo do valor da composição de hidrogénio no gás de síntese de outras biomassas mencionadas na literatura. A tendência mostra que, acima de 1050 K, há uma diminuição da percentagem de hidrogénio. Isto deve-se ao facto de a constante de equilíbrio da reação de transferência de gás de água ter uma tendência decrescente com o aumento da temperatura. Assim, o hidrogénio produzido como resultado dessa reação é reduzido. Isto também resulta no aumento do monóxido de carbono, uma vez que este não é convertido em hidrogénio e dióxido de carbono de forma eficiente a altas temperaturas.

Embora o modelo não possa ser verificado experimentalmente, observa-se facilmente que a percentagem de metano se reduz a valores muito baixos. Isto deve-se ao aumento acentuado da constante de equilíbrio da reação de reformação a vapor, que provoca uma rápida conversão do metano produzido em hidrogénio e monóxido de carbono a altas temperaturas.

5.2. INCORPORAÇÃO DO BALANÇO ENERGÉTICO PARA PREVER A TEMPERATURA DE GASEIFICAÇÃO

O balanço energético foi incorporado no modelo para estimar a temperatura de gaseificação. Foram utilizados três rácios de equivalência diferentes para encontrar uma tendência entre o rácio de equivalência e a temperatura de gaseificação.

Produto	% a ER = 0,15, T=907,4K	% a ER = 0,175, T = 950.5K	% a ER = 0,2, T = 1020K
H2	15.3	17.3	17.5
CO	19.4	20.3	20.5
CH4	5.2	2.2	0.3
CO2	13.9	12.2	11.1
N2	46.0	47.8	50.4

Tabela 5.2. Variação da composição do gás de síntese seco com ER como entrada e T prevista através do balanço energético

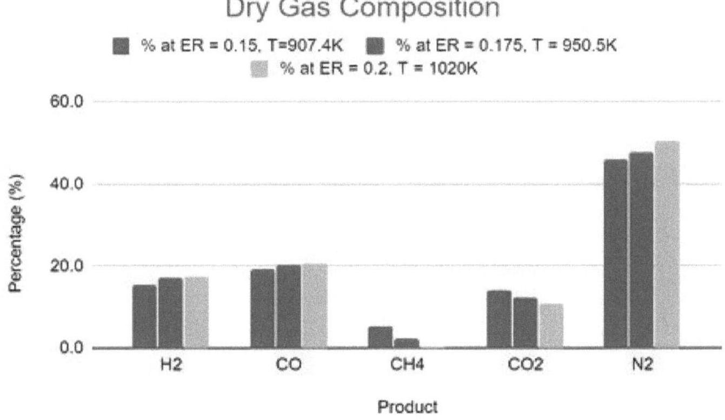

Figura 5.2. Variação da composição do gás de síntese seco com ER como entrada e T prevista através do balanço energético

A quantidade de dióxido de carbono deve aumentar com o aumento da razão de equivalência, uma vez que mais oxigénio impulsiona o processo para a combustão. Mas aqui, uma vez que a temperatura de gaseificação não é fixa e aumenta juntamente com o aumento da ER, como previsto pelo balanço energético, o dióxido de carbono continua a diminuir. Isto é atribuído ao facto de, a temperaturas mais elevadas, a constante de equilíbrio da reação de transferência de gás de água ter um valor muito baixo.

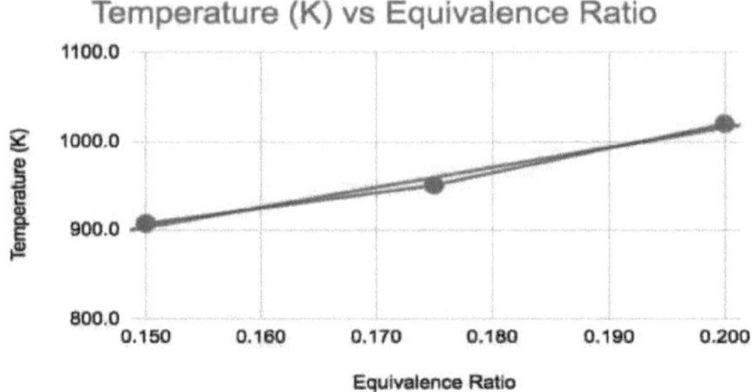

Figura 5.3. Efeito do rácio de equivalência na temperatura

A temperatura de gaseificação tem uma tendência quase linear com o aumento da razão de equivalência. A execução do modelo com ER próximo de 0,25 deu valores de temperatura muito elevados que não são viáveis para a gaseificação de biomassa.

5.3. BAIXO PODER CALORÍFICO DO GÁS DE SÍNTESE

O valor calculado de LHV_{syngas} varia com a temperatura.

Temperatura (K)	LHV syngas (MJ/nm3)
950	5.2091
1000	5.5647
1050	5.5914
1100	5.6250
1150	5.6636

Tabela 5.3. Efeito da temperatura no LHV do gás de síntese

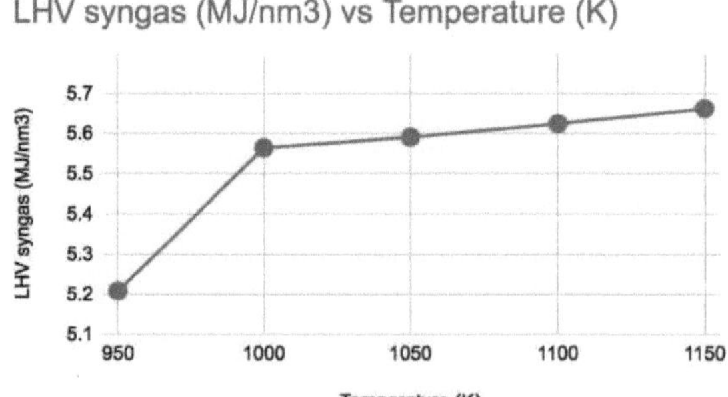

Figura 5.4. Efeito da temperatura no LHV do gás de síntese

Com o aumento da temperatura, o valor do LHV_{syngas} também aumenta. Isto deve-se ao facto de o aumento da concentração de hidrogénio e monóxido de carbono a temperaturas mais elevadas o afetar diretamente.

O LHV do gás de síntese também varia com o rácio de equivalência e são observadas tendências.

Rácio de equivalência	LHV syngas (MJ/nm3)
0.150	5.9636
0.175	5.2091
0.200	4.5951

Tabela 5.4. Efeito do rácio de equivalência no LHV do gás de síntese

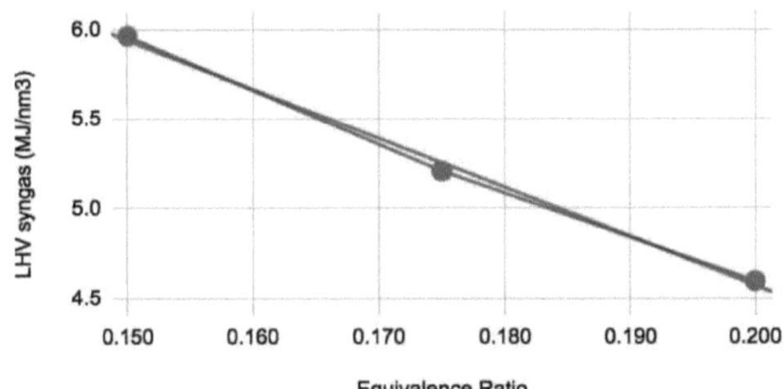

Figura 5.5. Efeito do rácio de equivalência no LHV do gás de síntese

À medida que o rácio de equivalência aumenta, o processo de gaseificação desloca-se para a combustão. Isto reduz a produção de hidrogénio e carbono e leva a uma maior produção de dióxido de carbono, afectando o LHV.

5.4. EFICIÊNCIA DO GÁS FRIO

O CGE do processo mostra um aumento com o aumento da temperatura, uma vez que corresponde ao aumento do LHV do gás de síntese, que depende principalmente da composição percentual de H2 e CO_2.

Temperatura (K)	Carvão Eficiência do gás (%)
950	81.4200
1000	82.3900
1050	83.8100
1100	84.9400
1150	85.4100

Tabela 5.5. Efeito da temperatura na eficiência do gás frio

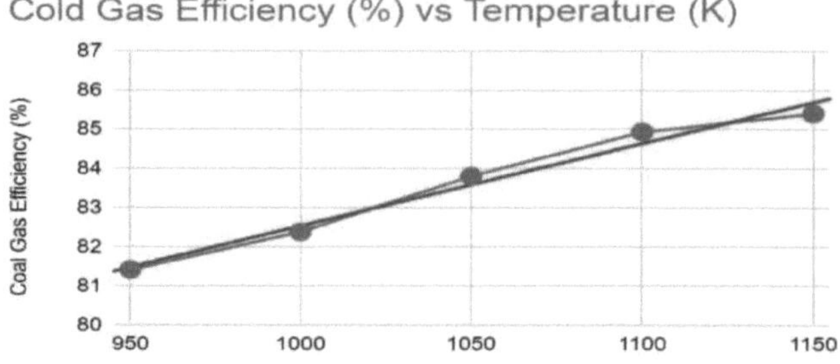

Figura 5.6. Efeito da temperatura na eficiência do gás frio

No entanto, verifica-se que o aumento da ER reduz a eficiência do gás frio. Isto é atribuído ao facto de que, à medida que a ER aumenta, o processo muda para a combustão, reduzindo assim o LHV do gás de síntese.

Rácio de equivalência	Temperatura (K)	Carvão Eficiência do gás (%)
0.150	907.4	83.91
0.175	950.5	81.42
0.200	1020.0	77.91

Tabela 5.6. Efeito do rácio de equivalência na eficiência do gás frio

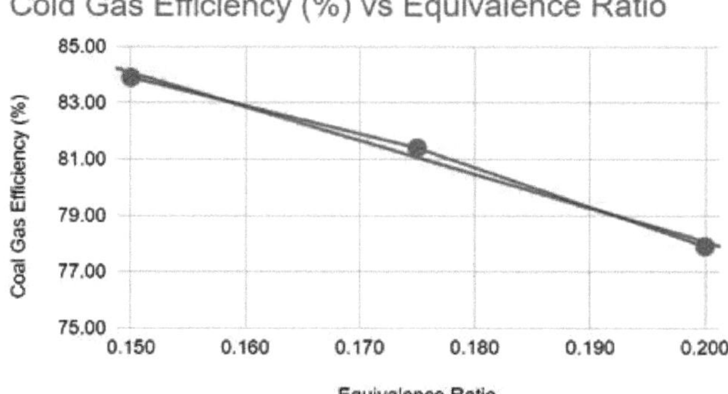

Figura 5.7. Efeito do rácio de equivalência na eficiência do gás frio

CAPÍTULO 6

RESUMO E CONCLUSÃO

6.1 RESUMO

A Prosopis Juliflora foi identificada como uma biomassa potencial para a produção de energia a partir da gaseificação. Foram efectuados testes preliminares da matéria-prima para determinar a composição da biomassa. Estes dados foram depois utilizados para modelar o desempenho da biomassa num gaseificador downdraft utilizando um modelo de equilíbrio estequiométrico. O modelo produziu a composição do gás de síntese seco para várias temperaturas de entrada. O balanço energético foi incorporado no modelo para prever a temperatura de gaseificação. Foram observadas tendências para as variações de LHVsyngas , CGE e a composição do gás seco contra variações de temperatura e razão de equivalência.

6.2 . CONCLUSÃO

Através deste modelo, a composição do gás de síntese foi encontrada para diferentes valores de razões de equivalência e temperaturas. A temperatura de gaseificação para um determinado valor de razão de equivalência foi também estimada através da incorporação das equações de balanço energético no modelo. O desempenho da gaseificação de Prosopis Juliflora num gaseificador downdraft foi estudado variando a eficiência do gás frio e o menor valor de aquecimento do gás de síntese com a temperatura e a razão de equivalência. Se o modelo de equilíbrio proposto for validado de acordo com os resultados experimentais, pode ser utilizado como um modelo de reação de redução para avaliar a composição do gás de síntese produzido pela gaseificação de Prosopis Juliflora.

6.3 ÂMBITO DO TRABALHO FUTURO

Não existe nenhum trabalho na literatura que forneça a composição do gás de síntese produzido pela gaseificação da Prosopis Juliflora num gaseificador downdraft. O modelo proposto também necessita de validação, comparando os valores do modelo com os valores experimentais obtidos. Por isso, há necessidade de realizar este processo experimentalmente.

O desempenho do processo pode ser estudado mais aprofundadamente através da realização de uma análise de segunda lei para calcular a eficiência exergética do processo. Isto pode ser efectuado para avaliar as irreversibilidades associadas ao processo e a influência da temperatura e do rácio de equivalência sobre elas.

Referências

1. Lata Tripathi, A.K. Mishra, Anil Kumar Dubey, C.B. Tripathi, Prashant Baredar, Renewable energy: An overview on its contribution in current energy scenario of India, Renewable and Sustainable Energy Reviews, Vol. 60, 2016, 226-233, 1364-0321.

2. Cheremisinoff, N. P.; Rezaiyan, J. Pyrolysis. Gasification Technologies: A Primer for Engineers and Scientists; CRC Press: Boca Raton, EUA, 2005.

3. Rajinder P. Singh, Kathryn A. Berchtold, Capítulo 6 - H2 Selective Membranes for Pre Combustion Carbon Capture, Novel Materials for Carbon Dioxide Mitigation Technology, Elsevier, 2015, 177-206,9780444632593.

4. Prabir Basu, Biomass Gasification, Pyrolysis and Torrefaction, Practical Design and Theory, 2013.

5. Z.A. Zainal, R. Ali, C.H. Lean, K.N. Seetharamu, Prediction of performance of a downdraft gasifier using equilibrium modeling for different biomass materials, Energy Conversion and Management, Vol.42, Issue 12, 2001, 1499-1515, 01968904.

6. Niladri Sekhar Barman, Sudip Ghosh, Sudipta De, Gasification of biomass in a fixed bed downdraft gasifier - A realistic model including tar, Bioresource Technology, Vol.107, 2012, 505-511, 0960-8524.

7. Tinaut, F.V., Melgar, A., Perez, J.F., Horrillo, A., 2008. Efeito do tamanho das partículas de biomassa e da velocidade superficial do ar no processo de gaseificação num gaseificador de leito fixo downdraft - um estudo experimental e de modelação. Fuel Process. Technol. 89, 1076- 1089.

8. Huang, H., Ramaswamy, S. Modeling Biomass Gasification Using Thermodynamic Equilibrium Approach. Appl Biochem Biotechnol 154, 14-25 (2009).

9. S. Jarang Thammachote, A. Dutta, Thermodynamic equilibrium model and second law analysis of a downdraft waste gasifier, Energy, Vol. 32, Issue 9, 2007, Pages 1660-1669, 0360-5442.

10. Andres Z. Mendiburu, Joao A. Carvalho, Christian J.R. Coronado, Modelagem de equilíbrio termoquímico do gaseificador downdraft de biomassa: Modelos estequiométricos, Energia, Volume 66, 2014, Páginas 189-201, ISSN 03605442.

11. Rupesh, S., Muraleedharan, C. & Arun, P. Análise energética e exergética da produção de gás de síntese a partir de diferentes biomassas através da gaseificação ar-vapor. Front. Energia (2016).

12. Tapas Kumar Patra, Pratik N. Sheth, Modelos de gaseificação de biomassa para gaseificador downdraft: A state-of-the-art review, Renewable and Sustainable Energy Reviews, Vol. 50, 2015, 583-593, 1364-0321.

13. Selvan, T.R., Parthiban, K.T. and Palanikumaran, B., Prosopis juliflora - A Myth and

Reality to the Current Development Scenario in Tamil Nadu, Int. J. Pure App. Biosci. 6(1): 1088-1092 (2018).

14. A. El-Keblawy, A. Al-Rawai, Effects of salinity, temperature and light on germination of invasive Prosopis juliflora (Sw.) D.C., Journal of Arid Environments, Volume 61, Issue 4, 2005, 555-565, 0140-1963.

15. Chun-Yang Yin, Prediction of higher heating values of biomass from proximate and ultimate analyses, Fuel, Volume 90, Issue 3, 2011, 1128-1132, 0016-2361.

16. M. Dogru, C.R. Howarth, G. Akay, B. Keskinler, A.A. Malik, Gasification of hazelnut shells in a downdraft gasifier, Energy, Volume 27, Issue 5, 2002, 415-427, 0360-5442

17. Haidong Gu, Yuanzheng Tang, Jian Yao, Feng Chen, Estudo sobre a gaseificação de biomassa em várias condições de funcionamento, Journal of the Energy Institute, Volume 92, Número 5, 2019, 1329-1336, 1743-9671.

18. A.A.P. Susastriawan, Harwin Saptoadi, Purnomo, Gaseificadores downdraft de pequena escala para gaseificação de biomassa: A review, Renewable and Sustainable Energy Reviews, Volume 76, 2017, 989-1003, 1364-0321.

19. Andres Z. Mendiburu, Joao A. Carvalho, Christian J.R. Coronado, Modelagem de equilíbrio termoquímico do gaseificador downdraft de biomassa: Modelos estequiométricos, Energia, Volume 66, 2014, 189-201, 0360-5442.

20. Reed T, Das A, Handbook of biomass downdraft gasifier engine systems, Colorado: Biomass Energy Foundation; 1988.

21. Changdong Sheng, J.L.T. Azevedo, Estimando o poder calorífico superior de combustíveis de biomassa a partir de dados de análise básica, Biomass and Bioenergy, Vol. 28, Issue 5, 2005, 499-507, 0961-9534

22. Chase, 1998: Chase, M.W., Jr., NIST-JANAF Themochemical Tables, Fourth Edition, J. Phys. Chem. Ref. Data, Monograph 9, 1998, 1-1951.

23. Beers KJ. Numerical methods for chemical engineering. New York: Cambridge University Press; 2007.

24. Yang WY, Cao W, Chung T, Morris J. Applied numerical methods using MATLAB. New Jersey: Wiley - Interscience; 2005

25. Avdhesh Kr. Sharma, Equilibrium modeling of global reduction reactions for a downdraft (biomass) gasifier, Energy Conversion and Management, Vol. 49, Issue 4, 2008, 832-842, 0196-8904,

26.

Printed by Books on Demand GmbH, Norderstedt / Germany